Bibliografische Information der Deutschen Nationalbibliothek:

Die Deutsche Bibliothek verzeichnet diese Publikation in der Deutschen National-
bibliografie; detaillierte bibliografische Daten sind im Internet über http://dnb.d-
nb.de/ abrufbar.

Impressum:

Copyright © 2011 GRIN Verlag, Open Publishing GmbH
Druck und Bindung: Books on Demand GmbH, Norderstedt Germany
ISBN: 9783668257344

Dieses Buch bei GRIN:

http://www.grin.com/de/e-book/189632/polartag-und-polarnacht-ein-unterrichts-
entwurf-fuer-die-10-klasse-gymnasium

Marie Burger

Polartag und Polarnacht. Ein Unterrichtsentwurf für die 10. Klasse Gymnasium

GRIN Verlag

Inhaltsverzeichnis

1. Analyse des Lehr- und Lernfeldes

1.1 Lehrkraft und Klasse

Ich unterrichte die Klasse 10 des X Gymnasiums in Y seit dem 22.02.2011 in beiden Wochenstunden. Sie ist mir bereits seit Beginn des Schuljahres durch regelmäßige Hospitationen bekannt. Die Lerngruppe setzt sich aus 24 Schülern[1], 4 männliche und 20 weibliche, im Alter von 16-17 Jahren zusammen. Von Beginn an zeigte sich die Klas-se mir gegenüber freundlich und aufgeschlossen. Das Verhältnis zwischen den Schülern und mir als Lehrperson ist positiv, was sich in einem produktiven Arbeitsklima äußert. Die Lern-gruppe zeigt sich in der mündlichen Beteiligung insgesamt eher zurückhaltend. Disziplinprobleme treten nicht auf. Die Schüler sind generell an den Inhalten des Erdkundeunterrichts interessiert, wobei das Leistungspotential und die Mitarbeit der Klasse recht heterogen sind. Zur Gruppe der Leistungsträger gehören **A**, **B** und **C**, da sie sowohl quantitativ als auch qualitativ die besten Leistungen zeigen. Sie erfassen neue Unterrichtsinhalte schnell und sind häufig in der Lage Transferleistungen zu erbringen. **D** ist eine sehr zurückhaltende Schülerin, die sich aus eigenem Antrieb in der Regel nicht meldet. Sie folgt dem Unterrichtsgeschehen aber aufmerksam und ist nach Aufforderung ebenfalls imstande gute Beiträge zu leisten. **E** ist bisher nicht durch aktive Beteiligung aufgefallen, er wirkte immer etwas zerstreut. Im Verlaufe der Unterrichtseinheit ist E offensiver geworden und beteiligt sich nun rege am Unterricht. Diese Schülergruppe ist in der Lage bekannte Inhalte und Methoden auf neue Sachverhalte anzuwenden und kann häufig mit neuen Problemstellungen reflexiv umgehen (AfB[2] II-III).

F, **G**, **H**, **I**, **J** und **K** beteiligen sich regelmäßig. Die Qualität ihrer Beiträge ist bei der Reorganisation bekannter Sachverhalte (AfB II) gut.

Eher zurückhaltend zeigen sich **L, M, N, O, P, Q** und **R**. Sie beteiligen sich bei Reorganisations- und Reproduktionsfragen. Die Qualität ihrer Beiträge ist in der Regel zufriedenstellend. Diese Schülergruppe ist in der Lage erlernte Sachverhalte im Zusammenhang wiederzugeben und zum Teil auf neue Kontexte zu übertragen (AfB I-II). **S, T, U, V, W** und **Z** muss ich meist gezielt ansprechen, da sich diese Schüler aus eigenem Antrieb nicht melden. Um ihnen die Gelegenheit zur gelungenen Beteiligung zu geben, nehme ich diese Schüler gezielt bei Fragestellungen mit reproduktivem oder reorganisatorischem Charakter an die Reihe. Die Schüler können diese Fragen (AfB I-II) in der Regel zufriedenstellend beantworten, sodass davon auszugehen ist, dass sie dem Unterricht folgen.

---

[1] Hier und im Folgenden impliziert der Begriff „Schüler" immer auch die weibliche Form.
[2] Die Abkürzung „AfB" steht hier und im Folgenden für „Anforderungsbereich".

1.2 Einordnung der Stunde in die Unterrichtsreihe

Die Lehrprobenstunde stellt die neunte Stunde der Unterrichtsreihe „Klimatologische Grundlagen" dar. Der Einstieg in die Reihe vollzog sich über das Thema „Aufbau und Zusammensetzung der Atmosphäre". Da die Sonne im Wesentlichen die Energie für alle atmosphärischen Prozesse liefert, wurde anschließend „Der Strahlungshaushalt der Erde" betrachtet, in dem die Energieflüsse innerhalb des Systems Weltall – Atmosphäre – Erde dargestellt werden. Der Einfallswinkel, unter dem die solare Strahlung auf die Erde in einer bestimmten geographischen Breite auftrifft, bedingt die unterschiedliche Strahlungsbilanzen und Temperaturverteilungen, was durch verschiedene Aufgaben zur Strahlung belegt wurde. Aufgrund der Kugelgestalt der Erde, ihrer Rotation, der Neigung der Erdachse und ihrem Umlauf um die Sonne schwankt die Einstrahlungsintensität in den verschiedenen geographischen Breiten im Jahresgang. Daraus ergeben sich einem jährlichen Rhythmus unterliegende Strahlungsbilanzen und Beleuchtungsverhältnisse, die eine Einteilung der Erde in solare Klimazonen bedingen. Besonderheit der Mittelbreiten ist das Vorhandensein von Jahreszeiten, deren Entstehung in Verbindung mit dem wechselnden Zenitalstand der Sonne geklärt wurde. Innerhalb dieses umfangreichen Komplexes „Die solaren Klimazonen der Erde" ist auch die Lehrprobenstunde angesiedelt. Es folgt die Betrachtung der Klimafaktoren, die das solare Klima in vielfacher Weise beeinflussen.

1.3 Das Thema

1.3.1 Behandlung im Lehrplan

Der Lehrplan für die Einführungsphase der gymnasialen Oberstufe[3] steht insgesamt unter der Thematik „Physisch-geographische und soziökonomische Aspekte der ökologisch orientierten Raumanalyse". Dabei gehört das Lehrprobenthema „Polartag und Polarnacht" zu Leitthema 2 „Klimatologische Grundlagen". Es kann dem verbindlichen Lerninhalt „Die Allgemeine Zirkulation der Atmosphäre" zugeordnet werden, dem „Die Bedeutung der Klimaelemente" subsummiert sind. Unter dem Stichpunkt „Die Strahlung" ist die Behandlung der solaren Klimazonen vorgesehen. Das Thema „Polartag und Polarnacht" ist im Lehrplan nicht explizit aufgeführt und geht daher über diesen hinaus. Das Phänomen des Polartages/ der Polarnacht stellt aber ein entscheidendes Charakteristikum der polaren Zone dar und zusätzlich lassen sich über diese Thematik die Kenntnisse der Schüler zu den Strahlungs- und Beleuchtungsverhältnissen der Erde überprüfen, womit seine Stellung innerhalb der Unterrichtsreihe durchaus angebracht ist.

---

[3] MINISTERIUM FÜR BILDUNG, KULTUR UND WISSENSCHAFT (2006): Lehrplan Erdkunde für die Einführungsphase der gymnasialen Oberstufe. Saarbrücken.

Für das Leitthema 2 „Klimatologische Grundlagen" sieht der Lehrplan die Behandlung in 15 Stunden vor, was so nicht realisierbar ist. Der Lehrplan greift hier zu kurz und wird der generellen Bedeutung des Themas in Vorbereitung auf die Hauptphase und bezüglich seiner lebensweltlichen Relevanz nicht gerecht. Eine Schwerpunktsetzung ist nicht feststellbar.

1.3.2 Behandlung in Schulbuch und Atlas

Am X Gymnasium in Y sind das Schulbuch „Mensch und Raum. Raum-analyse"[4] und der „Diercke Weltatlas"[5] als regelmäßige Arbeitsmaterialien für Klasse 10 eingeführt. Das Lehrwerk hält zwar ein Kapitel zum Thema „Das Klima der Erde" bereit, in welchem auch die Beleuchtung und die Temperaturzonen der Erde thematisiert werden. Dies geschieht in einer knappen Darstellung, die sich auf die Abhandlung einiger Fachbegriffe, zwei Abbildungen und eine tabellarische Übersicht beschränkt. Das Thema „Polartag und Polarnacht" wird nicht aufgegriffen. Das Schulbuch kommt im Verlauf der Unterrichtsreihe zum Einsatz, in der Lehrprobenstunde selbst wird auf diesen allerdings aus genanntem Grund verzichtet. Das Lehrwerk „Seydlitz Geographie 2"[6] bietet im Kapitel „Der Planet Erde" eine Doppelseite zur Bestrahlung der Erde und thematisiert dort auch Polartag/ -nacht. Der eingeführte Atlas stellt auf einer Doppelseite „Die Erde im Weltall"[7] dar. Hier findet sich eine Abbildung zur „Bahn der Erde um die Sonne" (242.5), wie sie allerdings in einer, der Lehrprobenstunde vorangegangenen, Unterrichtsstunde bereits erarbeitet wurde. Der „Haack Weltatlas" bietet eine Abbildung „Beleuchtung der Erde: im Wechsel der Jahreszeiten"[8], wie sie in ähnlicher Form von den Schülern erarbeitet werden soll. Diese werde ich für den Fall, dass die Schüler mit der Erarbeitung Schwierigkeiten haben, bereithalten.

1.3.3 Relevanz des Themas

Die lebensweltliche Relevanz des Themas „Polartag und Polarnacht" ist für Schüler der Klassenstufe 10, realistisch betrachtet, zunächst als gering anzusehen. Für die Schüler ist der Raum der Polarzone fremd und die Kenntnis der Charakteristika dieses Raumes von geringer Bedeutung. Allerdings erkennen die Schüler die Notwendigkeit, sich ein umfassendes Wissen über die Erde in ihrer Gesamtheit anzueignen. Da die Polarzone eine Besonderheit im System Erde darstellt und gerade aufgrund dessen dieser Lebensraum so fern erscheint, ist seine Behandlung in der Einführungsphase der gymnasialen Oberstufe berechtigt. In der Lehrprobenstunde wird der scheinbar geringen lebensweltlichen Relevanz mit der handlungsorientierten

---

[4] ERNST, M. & W. SALZMANN (Hrsg.) (2006): Mensch und Raum. Raumanalyse. Berlin: Cornelsen.
[5] DIERCKE WELTATLAS (2002).
[6] SEYDLITZ GEOGRAPHIE für Gymnasien in Rheinland-Pfalz. Schülerband 2 (2008): Braunschweig: Schroedel.
[7] DIERCKE WELTATLAS (2002), S. 242/243
[8] HAACK WELTATLAS (2007), S. 246.3

Durchführung eines Demonstrationsexperimentes und der resultierenden Anschaulichkeit begegnet (vgl. 3.3).

Aus fachlicher Sicht betrachtet, ist die Relevanz dagegen evident. Es geht um die Fähigkeit, das System Erde als Teil des Sonnensystems, also eines übergeordneten Systems, zu charakterisieren und die Auswirkungen der Stellung und Bewegung des Erdkörpers innerhalb des Sonnensystems zu erläutern.[9] Die methodische Herangehensweise innerhalb der Lehrprobenstunde fördert speziell den Kompetenzbereich „Erkenntnisgewinnung/ Methoden". Im Vordergrund steht die „Fähigkeit, Informationen zur Behandlung geographischer/ geowissenschaftlicher Fragestellungen auszuwerten" und hierzu „geographisch relevante Informationen aus klassischen und technisch gestützten Informationsquellen sowie aus eigener Informationsgewinnung strukturieren und bedeutsame Einsichten herausarbeiten" zu können und „die gewonnenen Informationen mit anderen geographischen Informationen zielorientiert verknüpfen" sowie „die gewonnenen Informationen in andere Formen der Darstellung umwandeln" und beschreiben zu können.[10] So wird die Fähigkeit zu kausalgenetischem Denken geschult, was wiederum in Bezug auf die lebensweltliche Relevanz eine Kompetenz darstellt, die in der Hauptphase der Oberstufe fächerübergreifend und im späteren Berufsleben der Schüler stetig gefordert sein wird.

1.4 Die Lernvoraussetzungen

Die Schüler kennen die Faktoren des Systems Erde-Sonne (Erdrotation, Erdrevolution, Ekliptikschiefe) und die daraus resultierenden Auswirkungen auf den Strahlungs- und Wärmehaushalts der Erde. Die entsprechende Darstellung in Skizzen wurde in den vorangegangenen Stunden praktiziert. Mit den geplanten Aktions- und Sozialformen sind die Schüler vertraut.

1.5 Die Rahmenbedingungen

Üblicherweise findet der Erdkundeunterricht im Klassenraum statt. Da zur Realisierung des Demonstrationsexperimentes allerdings die Möglichkeit einer vollständigen Verdunklung benötigt wird, wird der Unterricht für die Lehrprobenstunde in Raum B 21 verlegt. Dieser bietet genügend Platz für Schüler und Gäste und zur Durchführung der Demonstration. Die Ausstattung ist gut, da der Raum sowohl über eine Tafel als auch über eine fest installierte Projektionsfläche und sehr gute Verdunklungsmöglichkeiten verfügt. Ein Overheadprojektor wird bereitgestellt. Die Sitzordnung eignet sich gut zur Partnerarbeit.

---

[9] Vgl. DGfG (2010), S. 13.
[10] Vgl. DGfG (2010), S. 21.

2. Sachanalyse[11]

2.1 Die solare Strahlung

Die solare Strahlung ist ein wichtiges Klimaelement, da sie praktisch die gesamte Energie, welche den Zirkulationsmechanismus der Atmosphäre mit allen charakteristischen klimatischen Erscheinungen in Bewegung setzt, liefert. Unter Strahlung versteht man allgemein den Transport von Energie mit Hilfe elektromagnetischer Wellen. Strahlung ist demnach ein physikalischer Vorgang, bei dem Energie ohne materiellen Träger transportiert wird. Die vorhandene Sonnenenergie wird im System Erde-Atmosphäre in unterschiedlicher Weise umgesetzt bzw. temporär gespeichert. Der Begriff „Globalstrahlung" bezeichnet die Summe der an einem Ort eintreffenden kurzwelligen Solarstrahlung. Sie setzt sich zusammen aus der auf direktem Weg eintreffenden Strahlung und der Strahlung, die über diffuse Reflexion an Wolken, Wasser- und Staubteilchen die Erdoberfläche erreicht.

Die Strahlungsverhältnisse der Erde und damit verbunden der Wärmehaushalt werden von drei Faktoren maßgeblich beeinflusst: Zum einen die Drehung der Erde um ihre Achse in östlicher Richtung (Erdrotation), zum anderen der elliptische Umlauf der Erde um die Sonne (Erdrevolution) und des Weiteren die Schrägstellung der Erdachse (Schiefe der Ekliptik).

2.2 Die solaren Klimazonen

Erdrotation, Erdrevolution und die Schiefe der Ekliptik bedingen eine heterogene Beleuchtung des Erdkörpers, somit variieren sowohl Strahlungsdauer als auch Strahlungsintensität in tageszeitlicher und jahreszeitlicher Folge. Die Erdrotation bewirkt die Beleuchtungstageszeiten und verursacht demnach den Wechsel von Tag und Nacht. Aufgrund der Neigung der Erdachse um 23,5° sind Tag und Nacht lediglich am Äquator stets gleich lang, während ihre Dauer in allen anderen Breiten stetig variiert.

Die Erdrevolution ist gemeinsam mit der Schiefe der Ekliptik verantwortlich für den wechselnden Zenitalstand der Sonne im Laufe eines Jahres. Während die Sonne am 21.03. und 23.09. am Äquator im Zenit steht, also einen Einstrahlungswinkel von 90° aufweist, „wandert" der Zenitalstand der Sonne bis zum 21.06. an den nördlichen Wendekreis (23,5° n. Br.) bzw. zum 21.12. an den südlichen Wendkreis (23,5° s. Br.). Aufgrund dieses Wechsels des Einstrahlungswinkels in Bezug auf die Breitenlage ergeben sich charakteristische, klimawirksame Bestrahlungsverhältnisse. Jahreszeiten und Tageszeiten auf der Erde sind demnach Folge der Stellung des Planeten Erde im Sonnensystem.

---

[11] Die Sachanalyse ist auf der Grundlage folgender Literatur erstellt worden:
Lauer, W./ J. Bendix (2004): Klimatologie.
Seydlitz Geographie Materialien für den Sekundarbereich II. Physische Geographie (2010).

Aus den aufgeführten Faktoren resultieren insgesamt fünf breitenkreisparallele solare Klimazonen, die durch die Wende- und Polarkreise voneinander abgrenzbar sind:

Die *Tropenzone* erhält die größte Energiezufuhr aufgrund des ganzjährig hohen Sonnenstands. Am 21.03. und 23.09. steht die Sonne über dem Äquator im Zenit. Die Tropen werden in eine innere (äquatoriale) und eine äußere (wendekreisnähere) Zone aufgeteilt. Die Tageslängen variieren zwischen 13,5 und 10,5 Stunden. Thermische Jahreszeiten sind in Äquatornähe nicht und in Wendekreisnähe kaum ausgebildet. Die Tagesschwankungen der Temperatur übersteigen die der Jahresschwankung (Tageszeitenklima). Ausschlaggebend für den Jahresablauf sind die hygrischen Jahreszeiten.

Die *mittleren (gemäßigten) Breiten* erstrecken sich zwischen dem jeweiligen Wende- und Polarkreis und zeigen strahlungsklimatisch und thermisch klar unterscheidbare Jahreszeiten. Charakteristisch für die jeweiligen Jahreszeiten ist neben den unterschiedlichen Temperaturen auch die Variation der Taglängen, die von sehr kurzen Tagen im Winter bis sehr langen Tagen im Sommer reichen. Die mittleren Breiten werden unterschieden in Subtropen und Mittelbreiten.

Die *Polarzonen*, zwischen den Polarkreisen und Polen gelegen, sind gekennzeichnet durch jahreszeitlich erheblich unterschiedliche Bestrahlungsverhältnisse. Der Wechsel zwischen Polarnacht und Polartag stellt das entscheidende Strahlungskriterium dar. Die Tageslängen schwanken innerhalb eines Jahres zwischen diesen beiden Extremen. Die Polarzonen weisen – trotz hoher Energiegewinne während der ganztägigen Bestrahlung im Hochsommer – im Durchschnitt eine negative Strahlungsbilanz auf.

2.3 Die Beleuchtung der Erde

Die Stellung und Bewegung der Erde im Sonnensystem führt zu tages- und jahreszeitlichen Veränderungen der Beleuchtung des Erdkörpers. Vom 21.03. (Frühjahrsäquinoktium) bis 23.09. (Herbstäquinoktium) ist die nördliche Hemisphäre zur Sonne exponiert, während im anderen Halbjahr die südliche Hemisphäre eine Exposition zur Sonne aufweist. Lediglich an diesen Daten (21.03. und 23.09.) beträgt die Dauer von Tag und Nacht an allen Orten der Erde je zwölf Stunden. Man spricht von der Tag- und Nachtgleiche (Äquinoktium). Die Beleuchtungskonstellation zu den Solstitien (21.06. und 21.12.) stellt eine Umkehrsituation dar. Alle Orte der Erde weisen ihren maximalen bzw. minimalen Sonnenhöchststand auf.

2.3.1 Die Entstehung von Polartag und Polarnacht

Als Polarkreise werden die auf 66,5° nördlicher sowie südlicher Breite gelegenen Breitenkreise bezeichnet, die die Polarzonen begrenzen. Ihre Lage resultiert aus der Schiefe der Ekliptik von 23,5°. Sie weisen vom Nord- bzw. Südpol denselben Abstand auf wie die Wendekreise vom Äquator. Gebiete innerhalb der Polarkreise überschreiten nicht täglich die Tag-Nacht-Grenze. Von den Polarkreisen in Richtung der Pole treten Polartag mit 24 Stunden Sonneneinstrahlung und Polarnacht mit 24 Stunden ohne Sonneneinstrahlung auf. Die Tageslängenschwankung beträgt somit 24 Stunden. In der Polarzone nimmt die Länge von Polartag und Polarnacht polwärts zu, bis an den Polen ein genau halbjährlicher Wechsel von Polartag zu Polarnacht erreicht ist. Die täglichen Temperaturschwankungen sind dabei äußerst gering und es herrscht ein thermisches und solares Jahreszeitenklima.

In der Zeit des Nordsommers (21.03. bis 23.09.) weist die Erdachse zur Sonne hin. Das Gebiet zwischen dem nördlichen Polarkreis (66,5° n. Br.) und dem Nordpol (90° n. Br.) wird anhaltend von der Sonne beleuchtet. Ihr Tagbogen sinkt nicht unter den Horizont. Eine fortdauernde Helligkeit für 24 Stunden am nördlichen Polarkreis bis zu einem halben Jahr am Nordpol ist die Folge. Man bezeichnet dieses Phänomen als Polartag. In den Gebieten, die südlich des nördlichen Polarkreises liegen, verschwindet während dieser Zeit die Sonne zwar kurz unter dem Horizont, dennoch wird der Himmel nicht dunkel.

In der Nordwinterposition zeigt die Erdachse von der Sonne weg. Die nördliche Polarzone wird im Nordwinter (23.09. bis 21.03.) nicht von der Sonne beschienen, sodass die Sonne im Nordpolargebiet unterhalb der Horizontlinie bleibt. Es handelt sich hierbei um die Zeit der Polarnacht, deren Dauer am Polarkreis selbst 24 Stunden beträgt und mit zunehmender geographischer Breite bis zum Pol auf sechs Monate ansteigt. In der Polarnacht herrscht innerhalb der Polarkreise aber nicht unbedingt Dunkelheit, da weitere Faktoren eine Rolle spielen: Wegen der Lichtbrechung in der Erdatmosphäre (Refraktion) steht die Sonne in Horizontnähe scheinbar deutlich höher als tatsächlich der Fall. Die Sonnenscheibe kann partiell aufgehen, steigt jedoch nicht vollends über den Horizont. Bleibt die Sonne geringfügig unterhalb der Horizontlinie, kommt es zu einer Dämmerung. Die Beleuchtungssituation in der südlichen Polarzone stellt sich entsprechend umgekehrt dar.

2.3.2 Die Auswirkungen von Polartag und Polarnacht auf das menschliche Leben

Polartag und Polarnacht stellen für Touristen eine Attraktion dar, insbesondere die Polarlichter, atmosphärische Lichterscheinungen während der Polarnacht, üben eine große Faszination aus. Polartag und Polarnacht beeinflussen allerdings das Leben der Menschen in den Polargebieten entscheidend. Ganz allgemein gerät der „Tag-Nacht-Rhythmus" des Menschen aus dem Gleichgewicht. Im Mittsommer bedeutet die lange Zeit der Helligkeit, dass die Menschen bei Tageslicht oder entsprechender Verdunkelung schlafen müssen. Die Einteilung des menschlichen Tagesablaufs mit Arbeits-, Essens- und Ruhezeiten wird nicht durch die Beleuchtungsverhältnisse strukturiert. Im Mittwinter sind die Folgen gravierender: Die lange

Zeit des fehlenden Sonnenlichtes bedingt seelische Belastungen bis hin zu Depressionen, der sich ergebende Vitamin-D-Mangel beeinträchtigt die körperliche Entwicklung von Kindern.

3. Didaktische und methodische Entscheidungen

3.1 Didaktische Reduktion

Wie in der Sachanalyse dargelegt, besteht das Thema „Polartag und Polarnacht" aus verschiedenen Strukturbestandteilen. Von zentraler Bedeutung für die Lehrprobenstunde sind die Beleuchtungsverhältnisse der Erde im Jahresgang. Hierzu erscheint es notwendig, vorab den gesamten Erdkörper und seine Beleuchtung zu den jeweiligen Jahreszeiten zu betrachten, um im Anschluss die Verhältnisse im Bereich der Nordpolarzone zu fokussieren. Die nördliche Polarzone steht exemplarisch für beide Polarzonen. Die Auswahl ist begründet in der Tatsache, dass hier besiedelte Regionen von dem Phänomen berührt sind und die Auswirkungen auf den Menschen abgeleitet werden können. Die Schwerpunktsetzung innerhalb der Lehrprobenstunde liegt auf der Entstehung des Phänomens. Zur Erschließung des Themas von geringerer Bedeutung ist die Einteilung der Erde in solare Klimazonen. Dies ist Gegenstand einer nachfolgenden Stunde. Das Thema „Polartag und Polarnacht" wird hier betrachtet im Gesamtzusammenhang „Beleuchtung und Strahlungsverhältnisse der Erde". Da es sich um eine vorrangig physisch-geographische Unterrichtsreihe handelt, werden die Auswirkungen auf den Menschen nur ganz kurz in einem abschließenden Unterrichtsgespräch thematisiert.

In Bezug auf die horizontale Reduktion wird die Verständlichkeit des Themas durch die Veranschaulichung im Rahmen eines Demonstrationsexperiments deutlich erhöht. Auf diesem Weg soll den Schülern der Zugang zu einem recht abstrakten Sachverhalt erleichtert werden.

3.2 Lernziele

Stundenlernziel

Die Schüler kennen die Phänomene Polartag und Polarnacht und wissen um die Entstehung, die Verbreitung und die Dauer von Polartag/ -nacht. *[Ursachen: Schiefe der Ekliptik, Erdrevolution und resultierende Veränderung der Erdbeleuchtung; Auftreten von den Polarkreisen bis zu den Polen; Dauer reicht von 24 Stunden am Polarkreis bis zu 6 Monaten am Pol]*

Kognitive Feinlernziele

KLZ 1: Die Schüler charakterisieren die Beleuchtungssituationen der Erde im Jahresgang (AfB I) *[21.12.: Erdachse weist von der Sonne weg, Südhalbkugel ist begünstigt, Nordwinter (Taglänge < Nachtlänge); 21.03./ 23.09.: Sonne steht am Äquator im Zenit, beide Halbkugeln werden gleichermaßen beleuchtet, Frühling/ Herbst (Taglänge=Nachtlänge an jedem Ort der Erde); 21.06.: Erdachse weist zur Sonne hin, Nordhalbkugel ist begünstigt, Nordsommer (Taglänge > Nachtlänge)]*

KLZ 2: Die Schüler erläutern anhand eines Modells die Beleuchtungssituation innerhalb der Nordpolarzone im Jahresgang (AfB II) *[21.12.: Nordpolarzone wird ganztägig nicht beleuchtet, da Erdachse von der Sonne weg weist; von nun an Verkleinerung des Nachtbogens; 21.03./ 23.09.: Nordpolarzone zu Hälfte beleuchtet (am Pol Wechsel von Polarnacht zu Polartag); stetige Vergrößerung des Tagbogens; 21.06.: Nordpolarzone wird ganztägig von der Sonne beschienen, da Erdachse zur Sonne hin weist]*

KLZ 3: Die Schüler erstellen beschriftete Draufsichten der Erde, in der sie die jahreszeitlichen Beleuchtungsverhältnisse wiedergeben (AfB II) *[siehe Erwartungshorizont AB]*

KLZ 4: Die Schüler begründen das Entstehen und die Dauer von Polartag und Polarnacht in Form eine Kausalkette (AfB II) *[siehe Erwartungshorizont AB]*

KLZ 5: Die Schüler beurteilen die Auswirkungen des Phänomens auf den Menschen (AfB III) *[Hoher Energieverbrauch, seelische Belastungen, Beeinträchtigung der körperlichen Entwicklung; Probleme mit „Tag-Nacht-Rhythmus", natürliche Tagestrukturierung entfällt]*

Weitere Lernziele

ILZ: Die Schüler können die aus einer Demonstration gewonnenen Erkenntnisse wiedergeben und in eine vereinfachte Skizze überführen. (Instrumentales Lernziel)

3.3 Begründung des methodischen Vorgehens

Der Einstieg in die Lehrprobenstunde vollzieht sich über einen Bildimpuls, der zunächst unkommentiert bleiben soll. Die Schüler beschreiben die Fotos und ordnen sie einer Jahreszeit zu. Erst dann soll offengelegt werden, dass beide Fotos nicht zu den Tageszeiten aufgenommen worden sind, wie es auf eine erste Vermutung hin erscheint. Über diese gezielte Provokation sollen die Schüler zum Stundenthema „Polartag und Polarnacht" geführt werden. Bevor die eigentliche Erarbeitungsphase beginnt, sollen die Schüler Vermutungen über die Ursachen für die Entstehung von Polartag/ -nacht aus ihrem Vorwissen generieren und mithilfe der vorbereitenden Hausaufgabe belegen.

Die Erarbeitungsphase der Lehrprobenstunde beginnt in der Form, dass ich ein Demonstrationsexperiment zur Beleuchtung der Erde durchführen werde. Ziel dieser Vorgehensweise ist die Veranschaulichung des Sachverhalts. Die Beleuchtung der Erde stellt kein Phänomen dar, das im Alltag beobachtet werden kann, dennoch kann durch die Demonstration am dreidimensionalen Modell den Schülern eine anschauliche Vorstellung über den Verlauf der Beleuchtung im Jahresgang und die Konsequenzen für die Polarzone vermittelt werden. [12] Wünschenswert wäre die Möglichkeit diese Phase in die Hände der Schüler übergeben zu können, sprich Schülergruppen ein Modell an die Hand zu geben, sodass diese selbstständig Einsichten gewinnen können. Die Ausstattung der Schule gibt diese Zahl an stummen Globen

---

[12] Vgl. Haubrich, H. (1997), S.204.

allerdings nicht her. Aus diesem Grund wähle ich für die Lehrprobenstunde die Vorgehens-weise ein Demonstrationsexperiment im Klassenverband durchzuführen, dass den Schülern für die anschließende Partnerarbeit weiterhin zur Verfügung stehen soll. Vorteil dieses Vor-gehens ist die Zentrierung der Aufmerksamkeit der gesamten Lerngruppe auf die Demonstra-tion. Anschließend bearbeiten die Schüler die Problemfrage der Entstehung von Polartag und Polarnacht in organisierter Selbsttätigkeit. In der Partnerarbeit sollen die Schüler eine Drauf-sicht der Erde entwickeln und die Beleuchtungsverhältnisse der Polarzone im Jahresgang in drei Skizzen darstellen. Im Vordergrund steht hierbei die Entwicklung von kausalem und abs-trahierendem Denken, da die gewohnte Darstellung in eine neue Perspektive transferiert wer-den muss. Neben den Skizzen sollen die Schüler Kausalketten zur Entstehung von Polartag/ -nacht entwickeln. Die Schüler verbalisieren so das Wirkungsgefüge, das sie zuvor am De-monstrationsexperiment erkannt und in den Skizzen bildlich dargestellt haben. Auf eine zu-sätzliche deskriptive Darstellung in Form eines Textes als Erarbeitungsgrundlage wird bewusst verzichtet, da die Selbsttätigkeit der Schüler im Sinne des entdecken lassenden Ver-fahrens im Vordergrund stehen soll. Die Schüler stellen ihre Arbeitsergebnisse, die in die Tafelskizze integriert werden, vor. Zum Abschluss werden die Auswirkungen von Polartag/ nacht auf die Menschen, die in der Polarzone leben, in einem abschließenden Unterrichtsge-spräch problematisiert. Damit wird zum Abschluss der Stunde einem Leitziel des Erdkunde-unterrichts Rechnung getragen, nämlich „die Einsicht in die Zusammenhänge zwischen natürlichen Gegebenheiten und gesellschaftlichen Aktivitäten in verschiedenen Räumen der Erde".[13]

3.4 Lernerfolgskontrollen

Eine Kontrolle des Lernerfolgs erfolgt dadurch, dass die Schüler die Abbildungen (s. OHF 2), die eine neue und ungewohnte Darstellung der Erdbeleuchtung präsentieren, erläutern und begründend einem Datum zuordnen. Eine weitere LEK besteht darin, dass die Schüler die Beleuch-tungssituation in Tromsø im Jahresgang beschreiben.

3.5 Hausaufgaben[14]

Vorbereitende Hausaufgabe

Die vorbereitende Hausaufgabe hat zum Ziel, die Erarbeitung im Unterricht insofern zu ent-lasten, dass den Schülern die Beleuchtungssituationen der Erde zu den verschiedenen Zeit-punkten bereits bekannt sind und sie in der Lage sind, die jeweilige Situation zu beschreiben.

---

[13] DGfG (2010), S. 5.
[14] Aufgabenstellung und Erwartungshorizont siehe Anhang 6.3

Die Schüler sollen in der nachbereitenden Hausaufgabe den in der Stunde erarbeiteten Sachverhalt auf eine neue Konstellation (Neigung der Erdachse um 30°) übertragen und die sich daraus ergebenden Konsequenzen erläutern. Hinsichtlich der Integration in den Lernprozess dient die nachbereitende Hausaufgabe somit der Anwendung und soll zu selbstständigem Problemlösen herausfordern.

3.6 Tafelanschrift[15]

Das Tafelbild der Stunde steht den Schülern bereits vorstrukturiert zur Bearbeitung der Hausaufgabe zur Verfügung (s. Arbeitsblatt im Anhang). Die Vorstrukturierung wurde vorgenommen, da es sich bei den Zeichnungen um aufwändigere geometrische Konstruktionen handelt. Ebenfalls aus diesem Grund habe ich die Grundformen der Skizzen für das Tafelbild in Form von Postern vorbereitet, die von den Schülern folgerichtig positioniert bzw. ergänzt werden sollen.

Die Struktur des Tafelbildes ist derart gestaltet, dass sie von den Ursachen für Polartag und Polarnacht ausgeht. Im Zentrum befindet sich die Darstellung der Beleuchtungsverhältnisse der Erde an den bedeutenden Daten, die sich aus dem Zenitalstand der Sonne ergeben. Um eine Vergleichbarkeit möglich zu machen, wird von einem Stand der Sonne jeweils auf der linken Seite ausgegangen. In der Erarbeitungsphase erstellen die Schüler entsprechende Draufsichten auf die Nordhalbkugel, die, ebenso wie die Kausalketten, in das Tafelbild integriert werden. Die Kausalketten stellen die Folgen dar, die sich aus den ausgangs formulierten Ursachen ergeben.

Da die Skizzen der Beleuchtungsverhältnisse im Zentrum der Erarbeitung stehen und zugleich die Sicherung der Ergebnisse darstellen, werden diese an der Mitteltafel positioniert. Eine ausreichende Größe ist hierzu unabdingbar, sodass für die übrige Tafelanschrift die Seitentafeln mit einbezogen werden müssen.

---

[15] Um einer möglichen Überfrachtung entgegenzusteuern und seine Realisierung zu gewährleisten, ist das Tafelbild im Anhang auf Wunsch des Fachleiters handschriftlich verfasst worden.

4. Stundenverlauf

4.1 Gliederung der Stunde[16]

US	Zeit	LZ	Artikulationsschema/ Lehrer-Schüler-Interaktion	SF	AF	Medien
1	7.45 – 7.50 [5']		Begrüßung **Einstieg** L setzt Impuls durch Fotografien der Stadt Tromsø bei Polartag/ -nacht ohne dies kenntlich zu machen (Provokation)	KV	Bild-impuls SB	OHF 1
2	7.50- 7.52 [2']		**Überleitung/ Zielangabe** Thema der Stunde: Polartag und Polarnacht Impuls: *„Für dieses Phänomen gibt es Ursachen"* *[Erdrevolution, Ekliptikschiefe]* → integrative Sicherung im TB	KV	f-e-U	Tafel
3	7.52- 7.58 [6']	KLZ 1	**Erarbeitung I** (Einbindung der Hausaufgabe) S positionieren die Seitenansichten, charakterisieren die jeweilige Beleuchtungssituation und tragen diese in die Tafelskizze ein	KV	LV	Tafel AB
4	7.58- 8.13 [15']	KLZ 2 KLZ 3 & 4 ILZ	**Erarbeitung II** L demonstriert "Wanderung" der Erde um die Sonne, dabei Fokussierung der Nordpolarzone; S beschreiben ihre Beobachtungen S zeichnen in Partnerarbeit eine Draufsicht der Erde inkl. der Beleuchtungssituationen und erstellen eine Kausalkette zur Entstehung von Polartag/ -nacht	KV PA	f-e-U PA	Stummer Globus AB
5	8.13- 8.20 [7']		**Sicherung** S präsentieren ihre Arbeitsergebnisse → integrative Sicherung im TB	KV	SV	Tafel
6	8.20- 8.23 [3']		**LEK 1** S erläutern Abbildung zu Tag- und Nachtlängen und ordnen diese den entsprechenden Daten zu [1 – 21.03./23.09; 2 – 21.12.; 3 – 21.06.]	KV	f-e-U	OHF 2
7	8.23- 8.25 [2']		**LEK 2** S beschreiben auf der Grundlage der Arbeitsergebnisse die Situation in Tromsø	KV	UG	Wand-karte
8	8.25- 8.29 [4']	KLZ 5	**Problematisierung** *„Welche Auswirkungen könnten Polartag/ -nacht auf das Leben der Menschen in der Polarzone haben?"*	KV	UG	
9	8.29- 8.30 [1']		Stellen der Hausaufgabe Verabschiedung	KV	LV	

---

[16] **Verwendete Abkürzungen:** Lehrer (L), Schüler (S), Aktionsformen (AF), Schülerbeiträge (SB), fragend-entwickelnder Unterricht (f-e-U), Unterrichtsgespräch (UG), Lehrervortrag (LV), Schülervortrag (SV), Sozial-formen (SF), Einzelarbeit (EA), Partnerarbeit (PA), Klassenverband (KV), Tafelbild (TB), Arbeitsblatt (AB), Overheadfolie (OHF)

4.2 Zu erwartende Schwierigkeiten und Lösungsmöglichkeiten

Für den Fall, dass die Schüler Schwierigkeiten beim Erstellen der Skizzen haben, halte ich die Abbildung aus dem Haack Weltatlas[17] zur Unterstützung bereit. Sollten Probleme bei der Formulierung (insbesondere sprachlicher Ausdruck) einer Kausalkette entstehen, werde ich entsprechende Unterstützung bzw. Korrektur bieten. Treten in der Erarbeitungsphase massive Schwierigkeiten bei der Problemlösung auf, greife ich auf eigene Entwürfe als Sicherungsgrundlage zurück. Ggf. müsste dann die Partnerarbeit zugunsten eines fragend entwickelnden Verfahrens abgebrochen werden.

Zeichnet sich gegen Ende der Stunde ab, dass der Verlaufsplan zeitlich nicht eingehalten werden kann, da bspw. für die Erarbeitungsphase von den Schülern mehr Zeit benötigt wurde, wird die Problematisierung in die darauffolgende Stunde verlagert werden müssen und wäre der Lehrprobenstunde nicht mehr immanent.

5. Literaturverzeichnis

Bildungsstandards, Lehrplan, Schulbücher, Atlanten

Deutsche Gesellschaft für Geographie (Hrsg.) (2010): Bildungsstandards im Fach Geographie für den Mittleren Schulabschluss – mit Aufgabenbeispielen –. Bonn: Selbstverlag DGfG.

Ministerium für Bildung, Kultur und Wissenschaft des Saarlandes (Hrsg.) (2006): Lehrplan Erdkunde für die Einführungsphase der gymnasialen Oberstufe. Saarbrücken.

Ernst, M./ W. Salzmann (Hrsg.) (2006): Mensch und Raum. Raumanalyse. Berlin: Cornelsen.
Seydlitz Geographie für Gymnasien in Rheinland-Pfalz. Schülerband 2 (2008): Braunschweig: Schroedel.
Seydlitz Geographie Materialien für den Sekundarbereich II. Physische Geographie (2010): Braunschweig: Schroedel.

Diercke Weltatlas (2002). Braunschweig: Westermann.
Haack Weltatlas (2007). Stuttgart, Gotha: Klett.

Fachwissenschaftliche und allgemeinpädagogische Literatur

Lauer, W./ J. Bendix (2004): Klimatologie. Das geographische Seminar. Braunschweig: Westermann.
Mattes, W. (2002): Methoden für den Unterricht. Paderborn: Schöningh.

Fachdidaktische Literatur

Haubrich, H. (Hrsg.) (2006): Geographie unterrichten lernen. Die neue Didaktik der Geographie konkret. München, Düsseldorf, Stuttgart: Oldenbourg Schulbuchverlag.
Haubrich, H. et al. (1997): Didaktik der Geographie konkret. München: Oldenbourg Verlag.

Internetquellen

Cornelsen Themenseiten: Nordeuropa. Polartag und Polarnacht.
    URL: http://www.cornelsen.de/sixcms/media.php/386/mur_s116_117_themenseiten.pdf
    (Letzter Zugriff am 27.03.2011)
Joachim, J.: Die Revolution der Erde und ihre Folgen.
    URL: http://www.dguv-lug.de/dyn/bin/720845-728305-1-revolution_der_erde.ppt
    (Letzter Zugriff am 27.03.2011)

---

[17] HAACK WELTATLAS (2007), S. 246.3

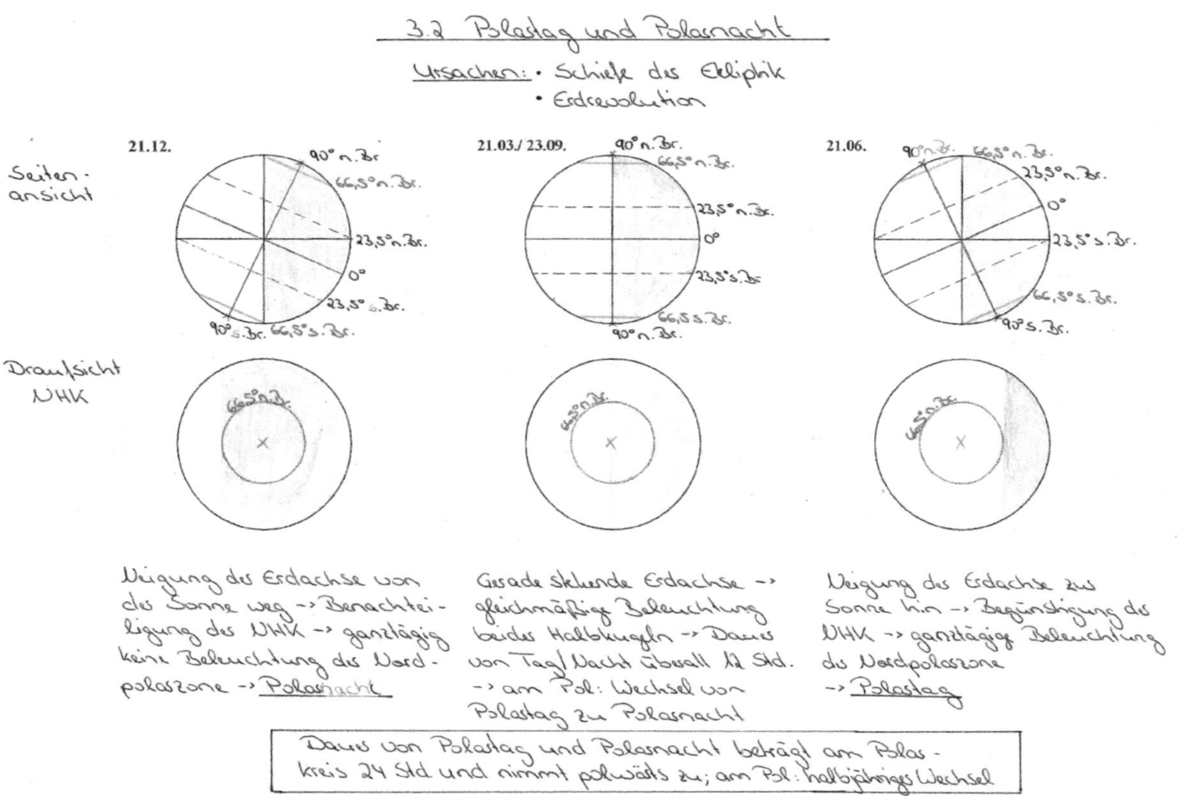
3.2 Polartag und Polarnacht
Ursachen: • Schiefe der Ekliptik
• Erdrevolution
Seiten-ansicht
Draufsicht NHK
21.12.
90° n.Br.
66,5° n.Br.
23,5° n.Br.
0°
23,5° s.Br.
90° s.Br. 66,5° s.Br.
66,5° n.Br.
21.03./ 23.09.
90° n.Br.
66,5° n.Br.
23,5° n.Br.
0°
23,5° s.Br.
66,5 s.Br.
90° n.Br.
66,5° n.Br.
21.06.
90° n.Br. 66,5° n.Br.
23,5° n.Br.
0°
23,5° s.Br.
66,5° s.Br.
90° s.Br.
66,5° n.Br.
Neigung der Erdachse von der Sonne weg → Benachtei-ligung der NHK → ganztägig keine Beleuchtung der Nord-polarzone → Polarnacht
Gerade stehende Erdachse → gleichmäßige Beleuchtung beider Halbkugeln → Dauer von Tag/Nacht überall 12 Std. → am Pol: Wechsel von Polartag zu Polarnacht
Neigung der Erdachse zur Sonne hin → Begünstigung der NHK → ganztägig Beleuchtung der Nordpolarzone → Polartag
Dauer von Polartag und Polarnacht beträgt am Polar-kreis 24 Std und nimmt polwärts zu; am Pol: halbjähriges Wechsel

6.2 Hausaufgaben mit Erwartungshorizont

Vorbereitende Hausaufgabe
Arbeitsauftrag:

Trage die Beleuchtungssituation der Erde zu den jeweiligen Daten in das Strukturblatt ein. Um eine Vergleichbarkeit zu gewährleisten ist die Vorgabe der Sonnenposition (westlich der Erde) einzuhalten. Achte darauf, welche Exposition die Erdachse zu den einzelnen Daten aufweist.

Erwartungshorizont: siehe Tafelbild

Nachbereitende Hausaufgabe
Arbeitsauftrag:[18]

Französische Astronomen machten im Jahr 2004 auf der Basis aufwändiger Computersimulationen die Vorhersage, dass die Neigung der Erdachse sich innerhalb der nächsten zehn Millionen Jahre um 0,4 Grad ändert.

1. Nimm an, die Neigung der Erdachse betrüge nicht 23,5°, sondern 30°. Erläutere die Konsequenzen dieser Konstellation für die Ausbreitung von Polartag und Polarnacht.
2. Um wie viel Grad müsste die Erdachse geneigt sein, damit man in Saarlouis einen Polartag bzw. eine Polarnacht erleben könnte?

Erwartungshorizont:

Bei einer Neigung der Erdachse um 30° wäre weiterhin eine Halbkugel zur Sonne hin ausgerichtet und somit in Bezug auf die Einstrahlung begünstigt. Zur konträren Jahreszeit wäre die Situation umgekehrt. Die Differenz zwischen den Jahreszeiten wäre deutlicher ausgeprägt, insbesondere bezogen auf das Verhältnis der Tag- und Nachtlängen. Polartag und Polarnacht träten nicht nur bis zu den Polarkreisen, sondern bis zu einer Breite von 60° n. bzw. s. Br. auf. Dies entspricht bspw. der Breitenlage von Oslo oder Sankt Petersburg. Das Phänomen wäre demnach auf der Nordhalbkugel weiter nach Süden ausgebildet, auf der Südhalbkugel nach Norden.

Saarlouis bei 49° n. Br., demnach müsste die Erdachse eine Neigung von 41° aufweisen, damit auch hier Polartag und Polarnacht entstehen würden.

---

[18] Entnommen und verändert aus DGfG (2010), S. 40.

6.4 Overheadfolien

OHF 1[19]

[Diese Abbildungen wurden aus urheberrechtlichen Gründen entfernt.]

Tromsø (Norwegen): 70° n. Br.   **Tromsø (Norwegen): 70° n. Br**

Das Foto wurde um 24.00 Uhr   Das Foto wurde um 12.00 Uhr

aufgenommen.   aufgenommen.

OHF 2[20]

|1| [Diese Abbildung wurde aus urheberrechtlichen Gründen entfernt.]
|2| [Diese Abbildung wurde aus urheberrechtlichen Gründen entfernt.]
|3| [Diese Abbildung wurde aus urheberrechtlichen Gründen entfernt.]

OHF 3 (fakultativ)[21]

[Diese Abbildung wurde aus urheberrechtlichen Gründen entfernt.]

---

[19] Abbildungen entnommen aus: Cornelsen Themenseiten: Nordeuropa. Polartag und Polarnacht.

[20] Abbildungen entnommen aus: Joachim, J.: Die Revolution der Erde und ihre Folgen.

[21] HAACK WELTATLAS (2007), S. 246.3